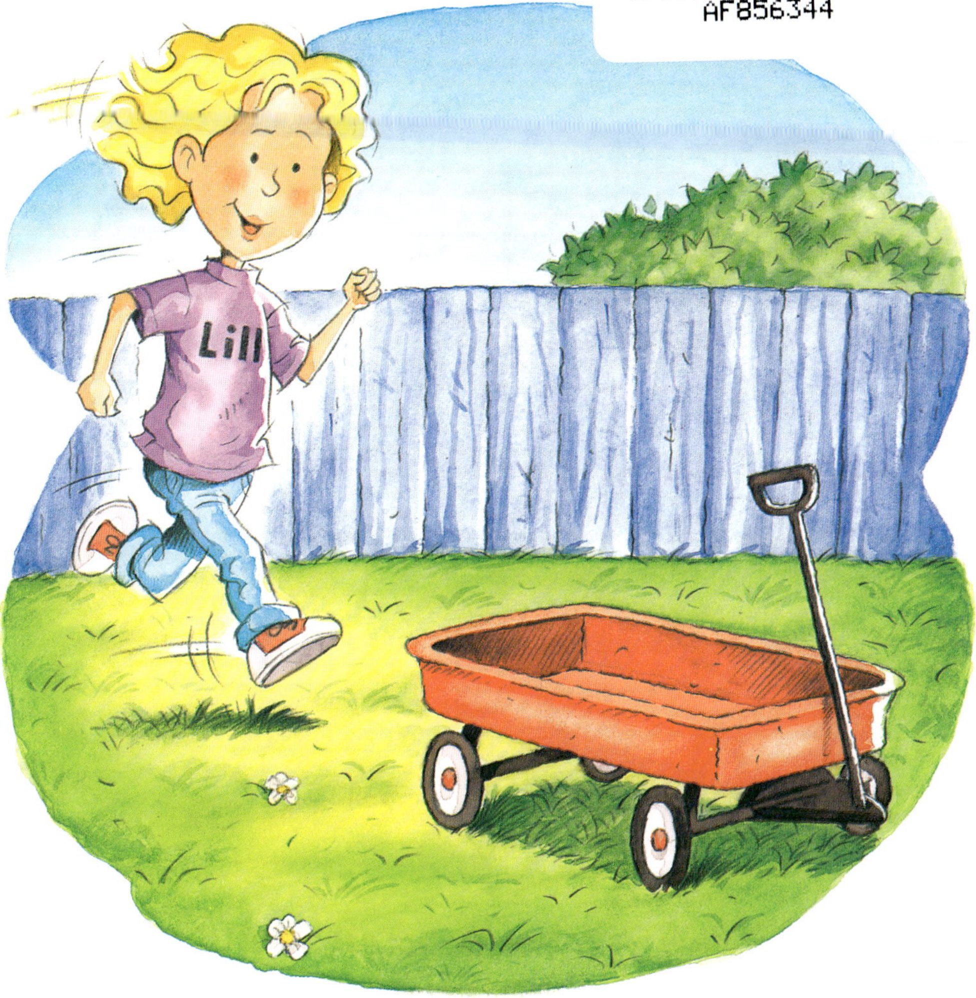

I am Lill.

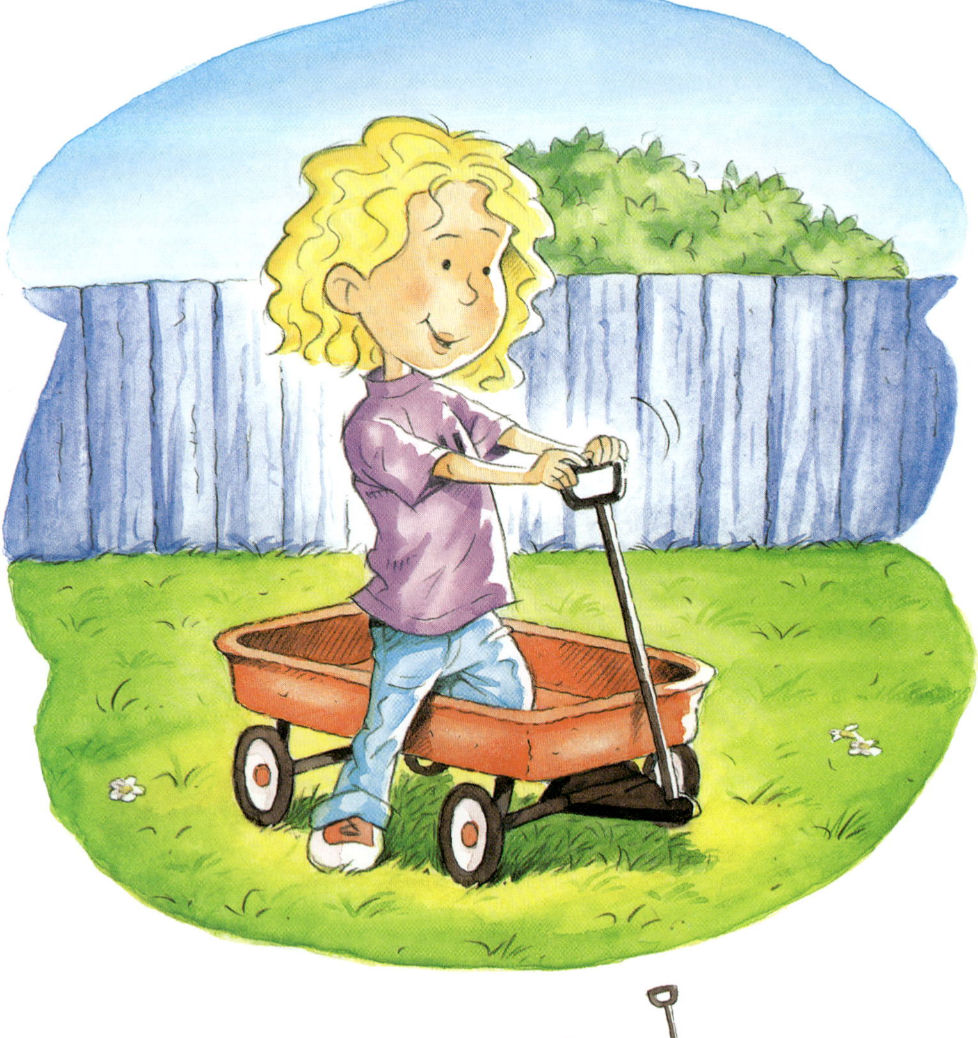

I am in a 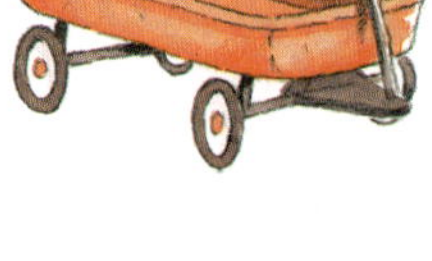 .

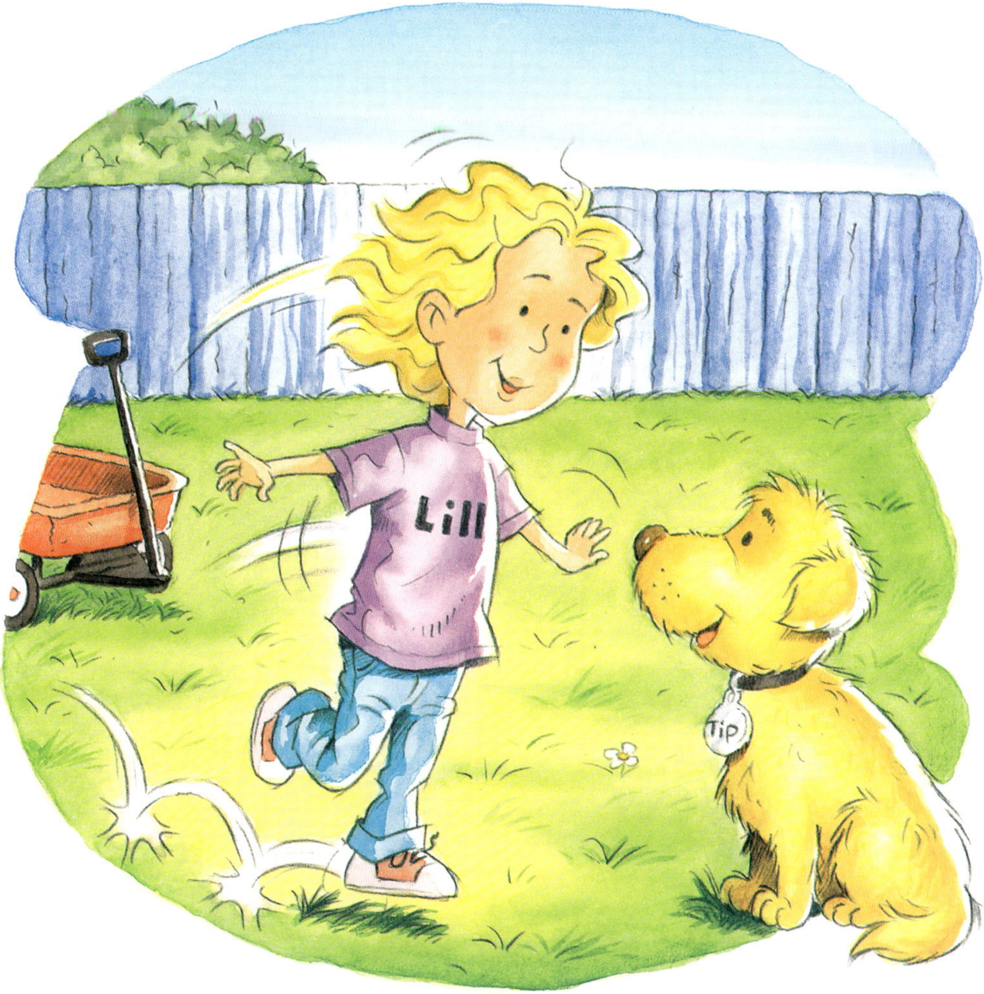

I hop to Tip.

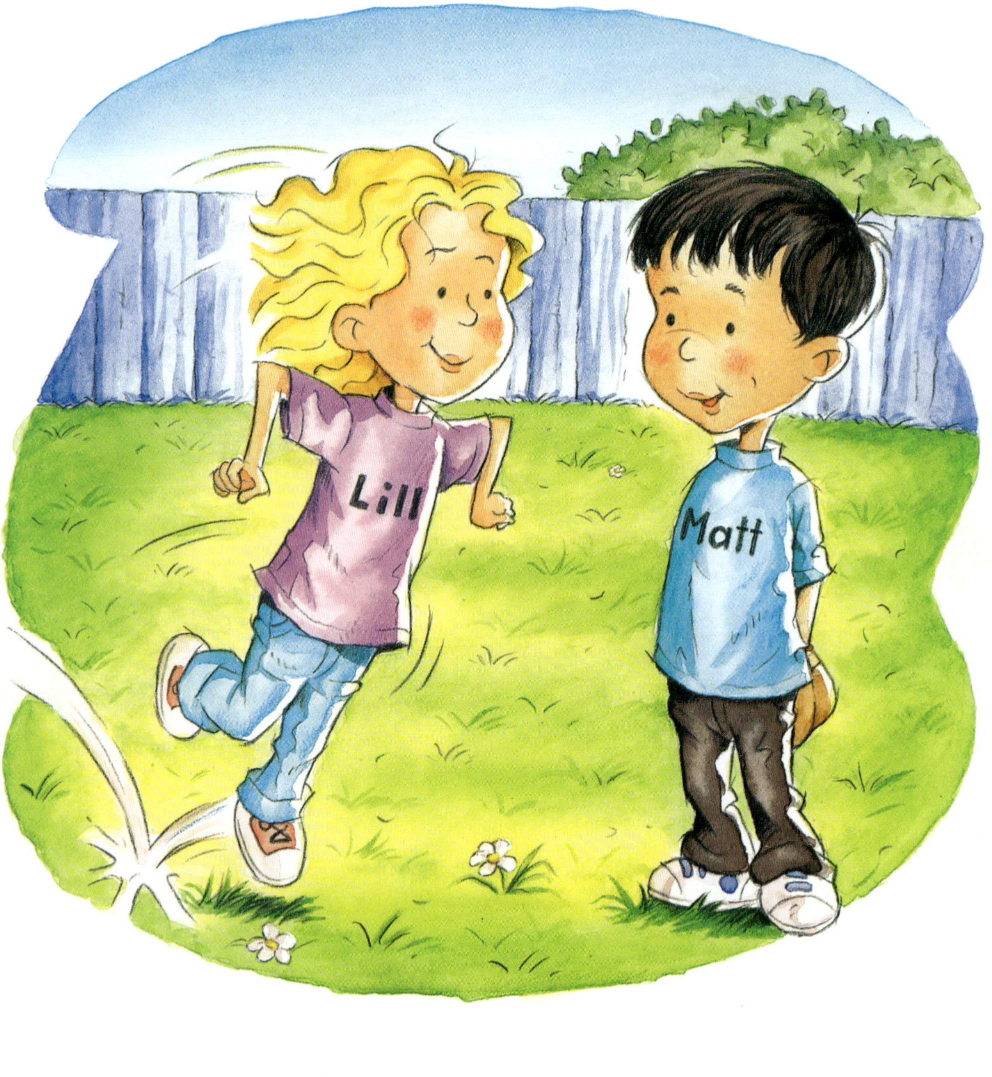

I hop to Matt.

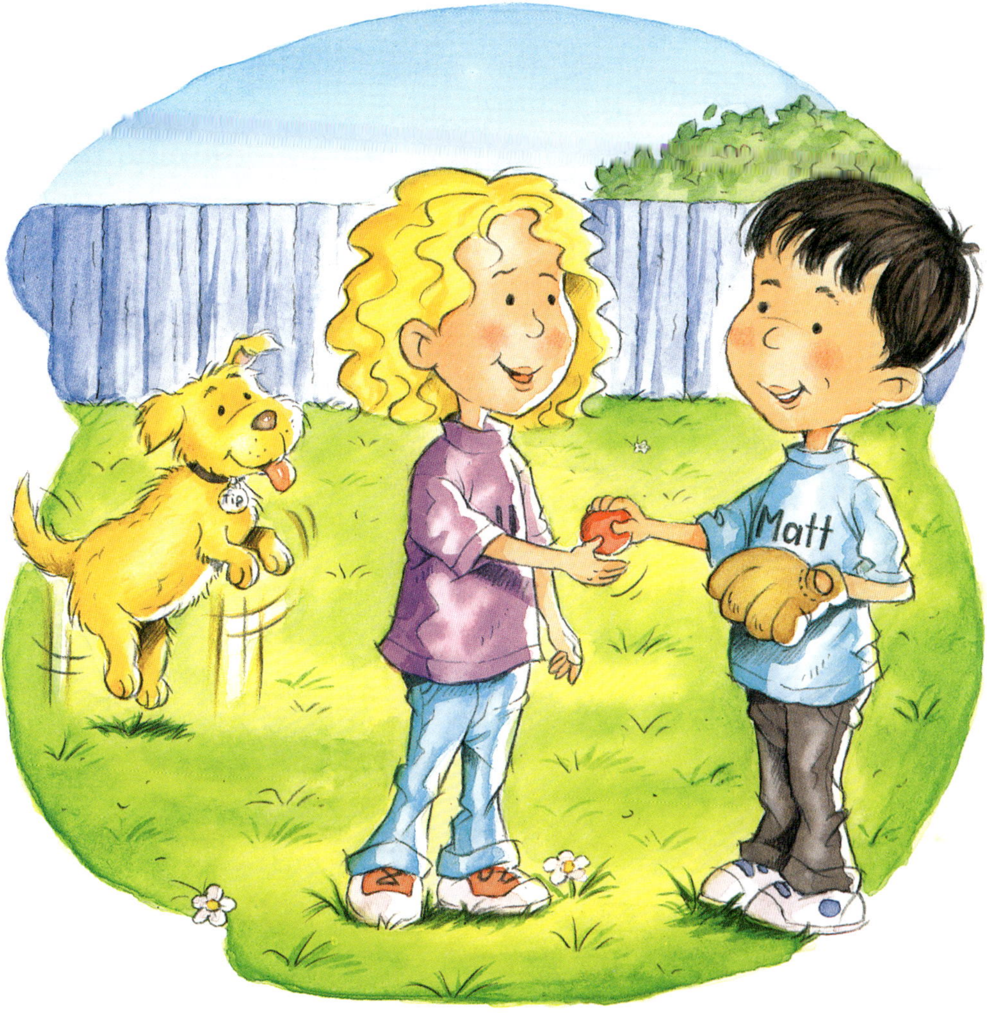

Matt got a 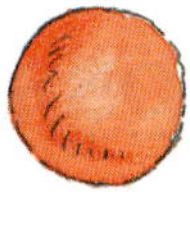 .

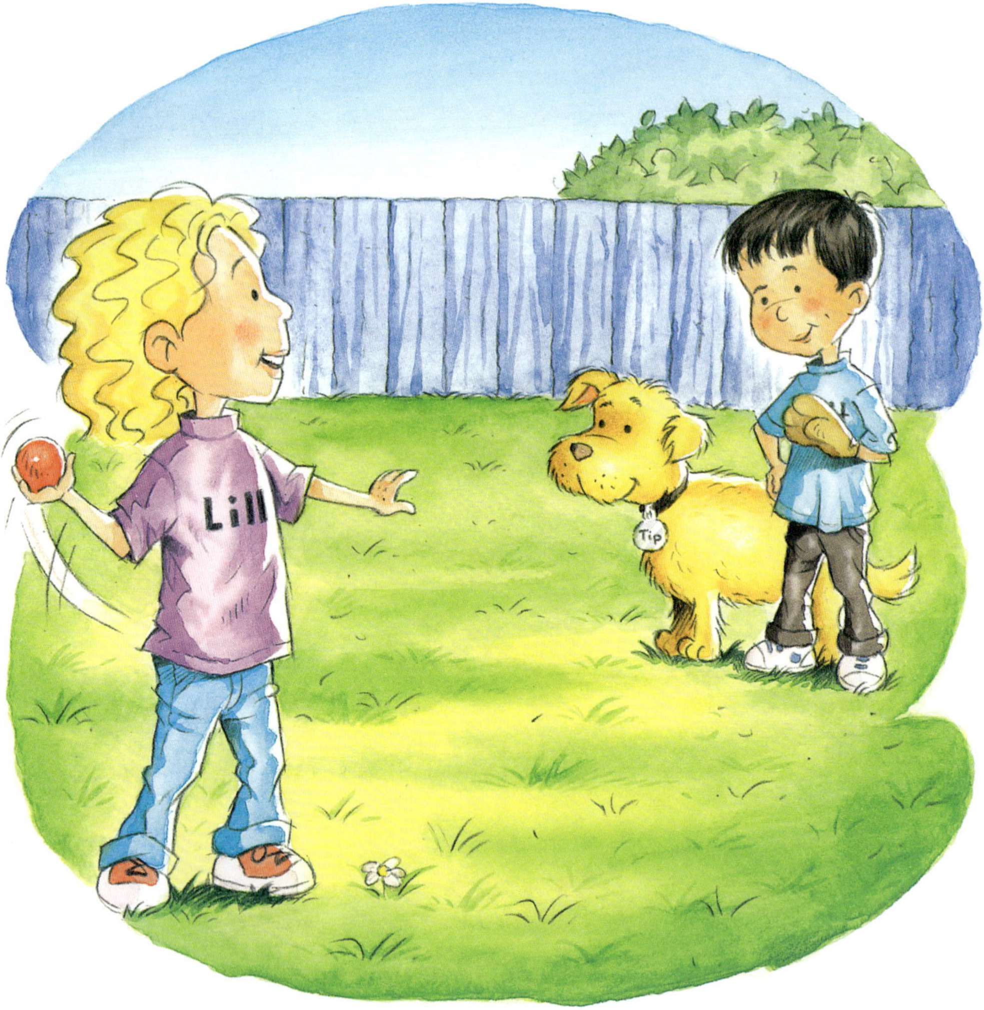

I toss it to him.

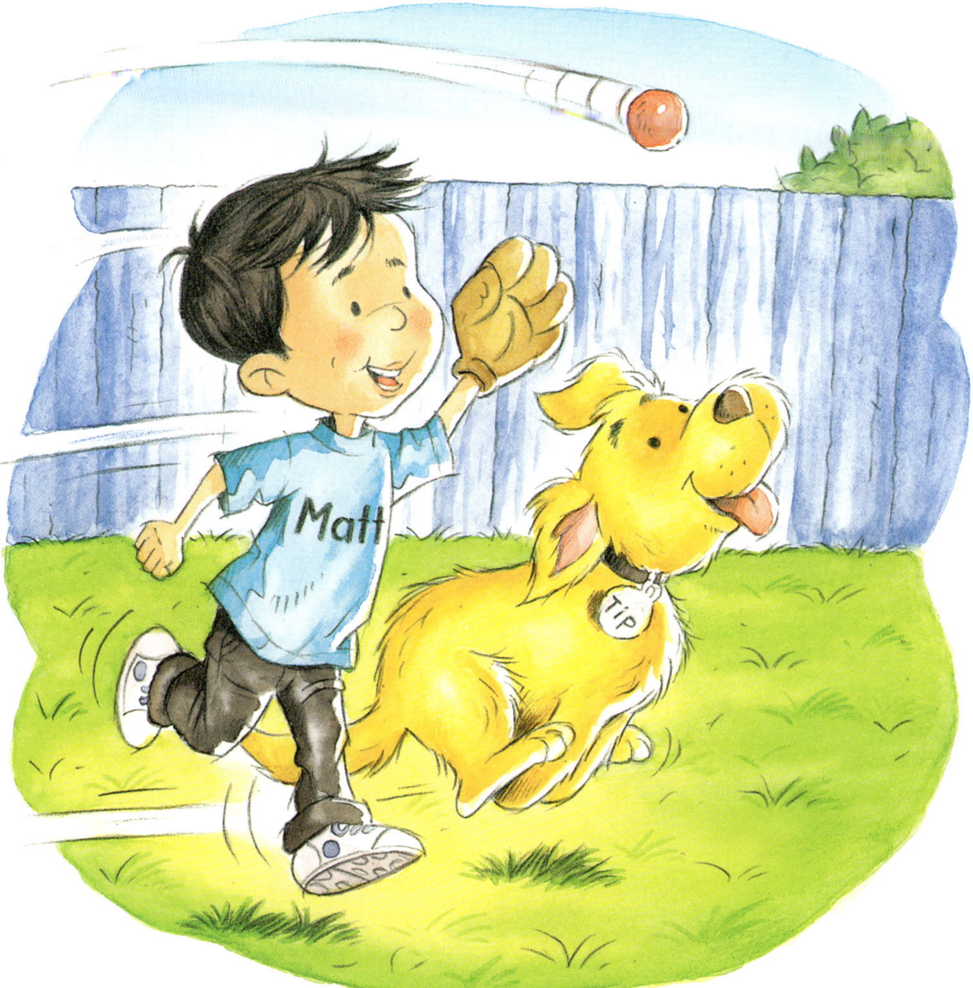

Got it, Matt?

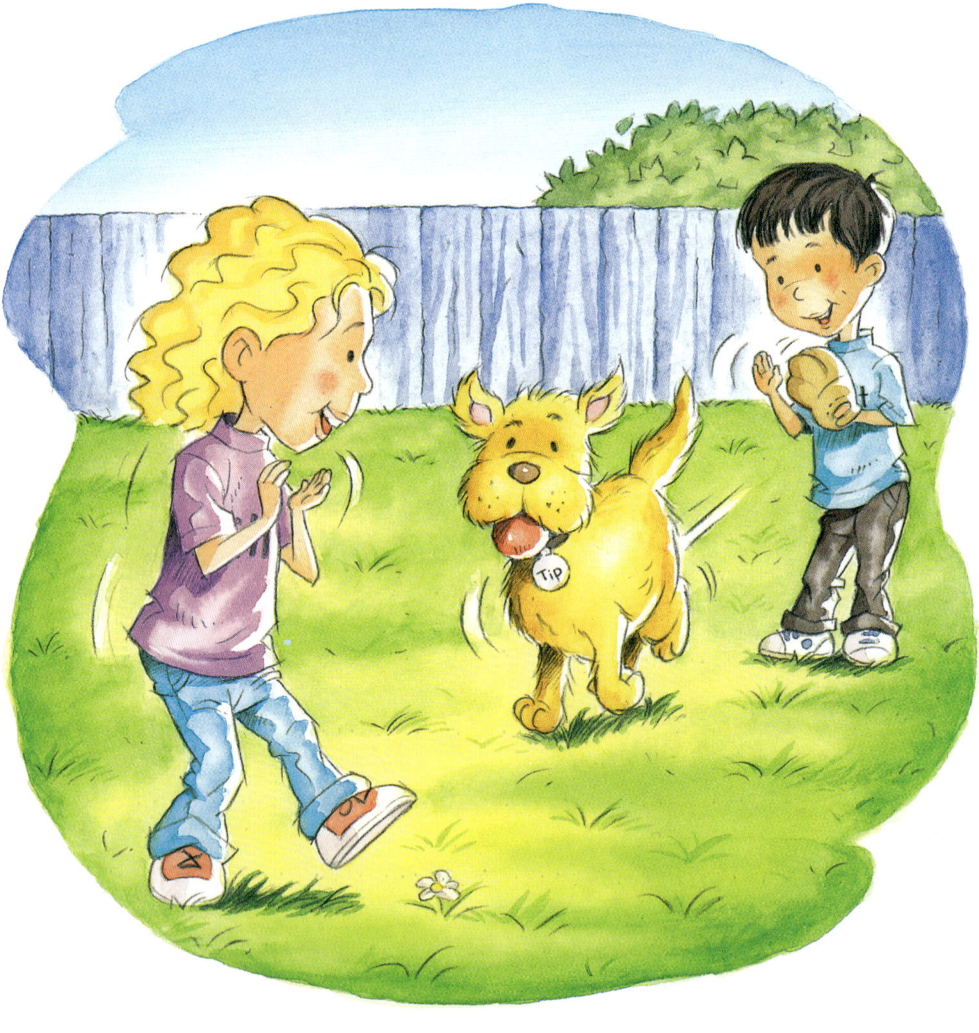

Tip got it!